U0155087

伪装大师

障眼法，如此简单

·解锁动物生存密码·

懿海文化　著/绘
高琼　译

科学普及出版社
·北　京·

CONTENTS 目录

·谨以此书献给特利西娅·

另一种捉迷藏

很多动物都有一种令人惊叹的本领——巧妙融入周围环境，骗过其他动物的眼睛。这就是伪装。伪装主要有两种作用：捕食者利用伪装悄悄靠近猎物，在进入攻击距离后，出其不意地发起突袭；被捕食者则利用伪装藏起来，或通过伪装来模拟物体（如石块、树枝等捕食者不感兴趣的东西），以躲避捕食者的追踪，从而平平安安地觅食、忙碌、睡觉、筑巢、哺育后代……

伪装的英文名词为 camouflage，本义是往别人脸上吹一缕烟，以达到蒙蔽对方的目的。动物的伪装有很多种形式，但通常是利用颜色或形态来呈现一些视觉效果。在明亮的环境中，动物们借助鲜艳的颜色进行伪装；在灰色的岩石、阴沉的天空或茫茫夜色之下，动物们则利用暗淡的颜色来隐匿踪迹。有些动物会利用一些动作来制造假象，有些则纹丝不动。本书介绍了动物们的各种伪装方式。有的伪装方式非常简单，例如一只白色小鸟隐藏在皑皑白雪之中，或者一只深色的哺乳动物在夜色中踱步。然而，大多数动物的伪装方式远比这些复杂，有些鱼能根据不同环境来改变身上的斑点，有些鸟能利用身上的斑点与某种特定环境完全融合，有些昆虫甚至能模拟一朵兰花！简直太不可思议了！

动物的伪装并非完全以假乱真。如果它们伪装得不着痕迹，就没有人能发现它们——它们将无法求偶，甚至找不到自己的孩子；捕食者饥肠辘辘，而作为猎物的被捕食者会因数量过多而自食苦果。有效的伪装能帮助很多动物延长生命或增加生存机会。动物进化出的数千种伪装方式令自然学家惊叹不已。从小小的昆虫到大型哺乳动物，本书重点介绍了各种独特而巧妙的动物伪装方式。

这片“叶子”实际上是一只昆虫。这就是伪装。

雪豹 / 伏击盘羊

雪豹栖息在亚洲山区，那里常常云雾缭绕，有时还会被冰雪覆盖。雪豹很有可能是由生活在低海拔地区的豹子进化而来的。那里的豹子长着醒目的斑点和黄黑相间的毛皮，在热带雨林的斑驳光影下可以产生绝妙的伪装效果，在山雾之中却仿佛一盏明亮的灯笼，而且它们毛皮的厚度也不足以抵御山区的寒冷天气。因此，中亚地区的雪豹进化出了一身厚厚的毛皮，颜色也比较淡。

高山上，一只雪豹压低身子，埋伏在一条布满岩石的羊道旁。此时，一只盘羊正沿着这条路走来。这是栖息在这片贫瘠山区中的一种大型绵羊。气氛紧张起来，盘羊发现有些不对劲——路上出现了一个昨天没见过的怪东西。它可能不知道那就是一只豹子，却察觉到了危险。盘羊竖起耳朵，张开鼻孔，从空气中捕捉到一种陌生的气味。它提高警惕，准备随时拔腿逃跑。此时此刻，豹子同样做好了行动准备。它把头埋得低低的，背部和后腿的大块肌肉紧紧收缩。如果它继续保持纹丝不动，那只盘羊就会再向前走几步。到那时，路边这个“怪东西”就会在一瞬间腾空而起，露出充满杀气的尖牙和利爪。

格纹象鼩 / 防护格纹

鼩鼱（qú jīng）跟老鼠个头差不多大，它们大多长着又长又尖的鼻子。它们在草原上安静地生活着，以小昆虫为食。而象鼩则与大象有许多相似之处。第一，和鼩鼱相比，象鼩的体形要大得多——体长约30厘米，还要再加上一条至少15厘米的尾巴；第二，象鼩的鼻子长长的，像匹诺曹的一样，还能灵活地伸进枯叶堆和野草丛，在里面辨别昆虫的气味；第三，象鼩生活在非洲，那里正是大象的家乡。

有一种象鼩身体两侧的毛皮颜色较浅，上面有着深色的正方形和矩形花纹，酷似棋盘上红黑相间的方格图案，因此被命名为格纹象鼩。事实上，这种花纹的真正作用是伪装。与老虎的条纹和豹子的斑点一样，这种格纹能使象鼩在下层灌木丛中不易被发现。除此之外，格纹象鼩还有其他办法从捕食者的眼前消失。细长的四肢，尤其是有力的后腿，使其具有非凡的奔跑和跳跃能力。如果有老鹰朝着格纹象鼩俯冲下来，它们就会立刻沿着熟悉的路径向家的方向飞奔。即使老鹰突然发起攻击，它们也能一边奔跑，一边迅速躲闪，还能灵活改变方向。

这是一只有备而来的虎猫。此时此刻，饥肠辘辘的它把目光锁定在一只肥美的雄性动冠伞鸟身上。生活在南美洲秘鲁境内一片潮湿森林里的两只动物，就这样在一棵高高的大树上狭路相逢。树枝上长满了苔藓、兰花，以及其他小型植物。虎猫在树上十分灵活，如履平地。它的名字来自墨西哥原住民语言，意思是“野地美洲虎”。虎猫可谓一个凶猛的猎手，体长约1.2米，身形细长，擅长攀爬和跳跃，体重却比三只肥胖的家猫加起来还要重。

虎猫那身黄褐色与黑色相间的斑点毛皮同周围的密林完美融合，足以蒙骗动冠伞鸟。相比之下，动冠伞鸟长着一身鲜艳的羽毛，格外醒目。这样的反差似乎有些奇怪，但合乎常理——虎猫不希望被其他动物发现，而动冠伞鸟则必须利用颜色、声音和炫耀行为吸引异性的注意，因为只有这样才能找到配偶。

虎猫一边目不转睛地盯着动冠伞鸟，一边向左侧轻轻摇动尾尖，以便分散动冠伞鸟的注意力。动冠伞鸟听到那边有动静，立即警惕地观察。不过，它很快发现，那只是一点儿小声响，没什么可担心的。在树叶的沙沙声和斑驳光影的掩护下，虎猫又沿着树枝向前悄悄爬了一小段距离。它的捕猎行动能成功吗？不一定。

三趾树懒 / 懒惰的家伙

树懒简直就是懒惰的代名词，因为三趾树懒绝对是你见过的最懒的动物。目前，世界上一共有六种树懒，它们终其一生都倒挂在热带森林里的大树上，用爪子上长长的趾甲钩住树枝。有的树懒有三个趾头，有的则只有两个。图中是一只三趾树懒。

研究树懒习性的科学家常常会觉得无聊，因为它们几乎什么都不做。树懒主要以树叶和嫩芽为食，而这些食物一年到头都唾手可得。它们不用走，不用跑，不用四处寻找，也不用为了食物大打出手，一天到晚只需要倒挂着，从一根树枝慢悠悠地爬到另一根树枝，这儿抓一片叶子，那儿揪一片嫩芽，然后放进嘴里慢慢咀嚼。吃饱了就睡，睡醒了接着吃。事实上，树懒一生的大部分时间都在树上度过。

然而，要找到树懒可不容易，因为它们的伪装十分有效，让其他动物望尘莫及。树懒长着一身粗糙的褐色毛皮，和树皮的颜色一模一样；毛发向下生长，方便雨水流下；每根毛发上都有凹槽，这些凹槽里长满了藻类植物，而这种单细胞植物同样也生长在树皮上。这样，树懒就拥有了与自己的大树王国几乎完全一致的颜色，很难被人发现。

北极狐和北极兔 / 雪白世界里的精灵

环绕北极点的北极地区异常寒冷，一年中有一半时间都覆盖着厚厚的积雪。当夏天来临时，冰雪消融，广袤的苔原便会染上大片的绿色和棕色，成千上万朵小花也会短暂盛开，为这里涂上一抹亮色。到了秋天，大部分植被会变成红色，然后随着冬季的到来渐渐隐没在冰雪之下。许多生活在苔原上的鸟和哺乳动物只有在夏天才会来到极地生活。不过，也有一些动物长年生活在极地，比如北极狐和北极兔。

北极兔以贫瘠的草和其他苔原植被为食。它们在夏季无忧无虑，到了冬天就不得不在积雪下面苦苦寻觅。北极狐主要以一些小型的鸟和哺乳动物为食，其中就包括北极兔。这两种动物都拥有与周围环境相似的保护色，但必须随着季节变化改变毛色，以便与环境保持一致。在北部地区，北极狐和北极兔会在冬天换上白色的毛。北极狐的毛是乳白色的，与阳光下的白雪相匹配；北极兔

的毛则是青白色的，便于在雪地上的阴影中藏身。到了春天，北极狐会蜕去白色的毛，换上薄薄的棕色外衣，北极兔的毛则保持白色不变。在离北极点较远的北极南部，积雪较少，北极狐便长年保持棕色，而北极兔只有在夏季才会换上斑驳的棕色毛。

袋食蚁兽 / 拥有伪装条纹的有袋类动物

图中这只动物看起来像一只巨大的条纹松鼠，但实际上，这是一只来自澳大利亚西南部的袋食蚁兽。它们栖息在桉树林里，主要食物是白蚁。白蚁与蚂蚁类似，也是一种群居昆虫，以木头为食。袋食蚁兽大多生活在地面上，因为那里有许多白蚁。但它们也会爬树，能够在树枝间灵活穿梭。它们从鼻子到尾尖的长度约45厘米，身上布满条纹，能与地上的落叶和斑驳的光影完美融合。当遇到狗或其他捕食者时，袋食蚁兽就会躲进一根空心的树干，再用尾部堵住入口。

与袋鼠和袋熊一样，袋食蚁兽也是有袋类动物。有袋类动物是一种长有育儿袋的哺乳动物。它们的幼崽刚出生时个头很小很小，所以在前几周里，母兽会将幼崽放在自己的育儿袋里，走到哪儿都带着它们。袋食蚁兽有一个长长的鼻子，鼻子下面藏着一排长长的牙齿和一条比鼻子更长的舌头。袋食蚁兽的牙齿多达52颗，比其他任何陆生哺乳动物都要多。捕食的时候，它们会用强壮的爪子将白蚁巢或朽木捅开，把舌头伸进去舔出白蚁，用锋利的牙齿“咯吱咯吱”地咀嚼，大快朵颐。

袋食蚁兽用长长的舌头舔食白蚁。

鲽鱼 改变身体的斑点

浅海床上生机勃勃，但也危机四伏。在遍布沙砾的海底，生活着各种各样的鱼类，鲽鱼便是其中之一。它们四处猛冲，捡拾水中漂浮的食物碎渣，偶尔也会在沙子里翻翻找找，看看有没有残羹剩饭，比如蠕虫、死虾或海蜘蛛。

鲽鱼的祖先在数百万年前和普通的鱼没什么两样，形状很像鲱鱼或鲑鱼，也有可能和现在的其他鱼类一样，在布满砾石的海床上方觅食。但是，有些鲽鱼祖先发现，把自己的身体在海床上放平能更有效地找到食物。于是，年复一年，它们的身体渐渐变得扁平，原本朝下的眼睛也移动到了上方，就像图中这条鲽鱼。为了伪装，改变外观也是鲽鱼的家常便饭。鲽鱼的棕色皮肤里有许多微小的色素囊，里面含有类似颜料的物质。色素囊可以改变大小：膨胀变大，便会呈现出彩色的斑点；收缩变小，便如同针尖一般隐匿不见。因此，鲽鱼能根据周围的环境改变自身的颜色，令捕食者很难发现自己。

尺蛾 在落叶堆里安全着陆

世界上有上万种飞蛾和蝴蝶，它们各有各的生存之道。有的需要耀眼夺目，以便吸引到配偶；有的需要绚丽多彩，以便在花丛中隐藏自己；有的则需要暗淡的颜色，因为它们要在这类环境中产卵。在这部分不起眼的昆虫中，有些已经进化出与特定环境十分相似的外观，比如像树皮、树叶、枯叶等。这是因为蝴蝶和飞蛾都有很多天敌，很容易成为鸟、蜥蜴等捕食者的美餐。至少在停留时要隐藏起来，这对它们十分有利。这样，即使捕食者眼神再好，也很难发现它们。

图中是一只飞蛾，它看上去就像一片枯叶。这只飞蛾叫作尺蛾，生活在热带雨林里。尽管地上有很多种叶子，但这只尺蛾只与其中某种拥有特定颜色和形状的叶子相似。要想隐藏起来，它只需要凭借视觉或嗅觉找到那种树叶，落上去，就能“消失不见”。

在阴凉潮湿的花园角落，常会住着几只蟾蜍。尽管很多人认为蟾蜍拥有某种魔法，却很少有人喜欢它们的模样。相比而言，青蛙就顺眼多了。然而，即使是其貌不扬的蟾蜍，也能带我们发现有趣的自然奥秘。

蟾蜍主要分布于欧洲、亚洲和非洲北部，在北美洲和南美洲也有一些类似的品种。蟾蜍个头不大，体形肥胖，皮肤粗糙，浑身长满疙瘩，与它们栖息的泥土环境十分相近。蟾蜍无法像鲽鱼和避役（变色龙）那样根据环境改变颜色，但绿、灰、棕三色相间的粗糙斑驳的皮肤与它们所处的任何自然环境都十分接近。这种普适性的保护色对蟾蜍来说显然十分实用。就算伪装失败了，蟾蜍也有其他自卫方式，比如眼睛周围的腺体能分泌毒液。狗要是抓住了蟾蜍，咬一口就会立刻吐出来，而且以后再也不会碰它们了。

对花园里的蟾蜍好一点儿。它们也许没有魔法，但它们爱吃蛞蝓（kuò yú）、蜗牛、蚂蚁等花园害虫。单凭这一点，蟾蜍就值得受到保护。

树蛙 / 比眼力：找到树蛙

如果说蟾蜍的伪装术普遍适用，那么树蛙的伪装就是最有针对性的伪装方式之一。图中便是一只树蛙，它的体长只有几厘米。世界上有400多种树蛙，它们生活在气候温暖的地区。图中这只树蛙来自马达加斯加湿润的热带森林。

通常我们认为青蛙是住在池塘里的，不能离水太远，尤其是在春天产卵的时候。池塘里的小蝌蚪就是由青蛙卵孵化而来的。在温暖多雨的地区，树木的枝干上长满了苔藓等小型植物，能够贮存大量水分。树上甚至会形成迷你池塘，就像一个个空中水上乐园。这些迷你池塘拥有足够的水分，还有很多昆虫，能够让树蛙愉快地生活。当繁殖期到来时，有些树蛙会回到地面上产卵，有些树蛙则留在树上，把卵产在潮湿的苔藓上或小水洼里。

因此，树蛙进化出了扁平的指头和趾头，相比游泳而言，它们更擅长爬树。树蛙的周围有很多捕食性鸟类天敌，小小的树蛙需要尽量与周围环境保持一致，因此就有了这种令人惊叹的伪装术。

与游泳相比，扁平的指头和趾头更有助于树蛙爬树。

茶色蟆口鸱 / 静观其变

世界上有十几种蟆（má）口鸱（chī），栖息在印度南部、东南亚、中国南部的热带森林以及澳大利亚东部的温带森林和原始林区。蟆口鸱大多为灰棕色或黑色，以昆虫为食。根据右图，你可能看不出为什么这种鸟叫蟆口鸱。但是，再看下图，你会发现它们长着宽大的喙，口内颜色鲜艳，就像一个黄色的口袋。蟆口鸱以小飞虫为食。有人说它们一直张着大嘴，等着小虫子飞进来，但这种说法不大可靠。黄昏时分，蟆口鸱会像蝙蝠一样在空中飞来飞去，在灌木丛和树叶之间捕食昆虫。它们有时会捕食像小老鼠那么大的昆虫，所以拥有一只大大的喙是很有用的。

蟆口鸱主要在夜间捕食，白天睡觉，因为夜间出来活动的飞虫数量最多。但是这样会很危险——它们的天敌会在白天出来觅食。因此，当蟆口鸱准备休息时，它们会选择一根和自己羽毛颜色接近的、长满苔藓和小枝丫的老树枝，纹丝不动地站在上面，眼睛似闭非闭，鸟喙指向天空，看起来简直就是一根树枝。

蟆口鸱也并非像你想的那样睡得很熟，眼睛也不会完全闭上。即使你凑近了突然扑上去，它们也会在最后一刻突然振翅腾空。

蟆口鸱宽大的喙能帮助它们捉到像小老鼠那么大的昆虫。

袋鼬 / *有育儿袋的“凶悍小猫”*

有人把这种动物称作“tiger cat”（字面意思为“虎猫”，但和我们前文中介绍的虎猫不是同一种动物），但它们既不是老虎，也不是猫。它们和猫的个头差不多，行为举止也很像猫，尤其是当一只肥肥的知更鸟出现在面前的时候。它们是在澳大利亚南部塔斯马尼亚岛上土生土长的一种有袋类动物，科学家将它们称作袋鼬（yòu）。

有袋类动物的幼崽出生时很小很小，因此在前几周母兽会将它们放在自己的育儿袋里，走到哪儿都带着它们。这只袋鼬腹部下方的育儿袋里很可能装着五六个宝宝，每个只有大约5厘米那么长。

为什么叫它们“虎猫”呢？原来，塔斯马尼亚岛上的早期居民认为它们是一种猫，还会因为它们袭击家鸡而捕捉它们。被逼进死角后，它们会像老虎一样吼叫，因此又得到一个“虎”的称号。

塔斯马尼亚岛经常下雨，尤其是其西部地区，那里有茂密的温带森林。袋鼬在地面和树上活动，以鸟类、蜥蜴和小型哺乳动物为食。现在，大部分森林已经被农场和城镇取代，但袋鼬依然在那里活动。袋鼬的棕色毛皮带有白色斑点，当它们在布满青苔的树木之间攀爬或在森林里的潮湿地面上行走时，这些斑点能起到很好的伪装作用。

菱背响尾蛇 / 藏在仙人掌下的“喇叭”

世界上大约有30种响尾蛇，大多生活在北美洲的干旱地区或沙漠地区。这种西部菱背响尾蛇栖息在加利福尼亚州南部的莫哈韦沙漠，因背部长有灰棕相间的菱形花纹而得名。响尾蛇之所以叫响尾蛇，是因为它们的尾巴上有一排中空的角质环，也叫响环，在受到威胁时会发出响声。不同响尾蛇的响环各有不同，声音较大的在2米外也能被听到。

响尾蛇喜欢干燥的沙质土壤，喜欢栖息在荆棘丛、仙人掌等沙漠植物之间，主要在傍晚和夜间出来捕猎。一些小型哺乳动物和爬行动物会在炎热的白天结束之后出来活动，也就成了响尾蛇的捕食对象。响尾蛇在白天休息，可能在洞里，也可能在岩石底下，还有可能是在它们能找到的其他阴凉处。图中这条响尾蛇找到了一株很大的仙人掌，盘起身体在其中的一根茎下休息。这株仙人掌已经枯死了一半，与响尾蛇的灰褐色外表十分接近。

为什么一条擅长伪装的蛇会长着引人注意的响环呢？确切的原因科学家们也不清楚，但他们认为这很有可能是一种警示，警告其他动物注意脚下，不要踩到响尾蛇。

野猪 / 与父母截然不同的幼崽

牧场里的家猪并不能让我们真正了解猪这种动物，生活在森林里的野猪才能让人大开眼界。比如，从野猪的体形上我们就能看出一些不寻常之处。野猪头窄肩宽，后腿强而有力，十分适合在树林和低矮茂密的灌木丛中穿行。长而尖的鼻子加上强壮有力的颈部，组成了一套高效的挖掘工具。野猪能用鼻子轻松地挖开泥土，在土里寻找植物的根和嫩芽；或者在落叶堆中翻找菌类、槲果或其他可以吃的东西。

家猪来源于欧洲和亚洲的野猪，大部分是白色的，也有黑色的或棕色的，毛发很细，因此无法抵御阳光的暴晒。而野猪的肤色比家猪深，毛发更浓密，颜色也更深，这使得它们无论是在森林里还是在开阔的草原上都不容易被发现。大部分家猪的幼崽也是白色的，而野猪的幼崽则如图中所示，长着一身深褐色或棕色的毛皮，还带有白色、黄色或棕色的条纹，这样的外貌能帮助它们躲过森林中捕食者的目光。

雪鸮 / 冰雪苔原上的猎手

世界上有200多种猫头鹰，大多呈灰色或棕色，以森林或草原为栖息地。图中是一只来自北极的雪白色猫头鹰，叫作雪鸮（xiāo）。雪鸮虽然不属于体形最大的猫头鹰，但也是个结实的大块头，体长约60厘米。

一只具有捕食性的鸟如何在北极藏身？是通过雪白的羽毛吗？并非如此。因为雪很少会呈现出“雪白色”。随着光线的变化，以及风和太阳对雪面的塑造，雪可能会呈现出白色、灰色或条纹。雪融化后，参差不齐的草和光秃秃的地面显露出来，一只纯白的鸟在这样的背景下很容易被发现。面对这样的问题，雪鸮自有办法解决。它的面部、颈前部和长满羽毛的足部是白色的，羽衣的其他部位则布满细细的黑色条纹。喙和爪子是黑色的，只有一双橙色的眼睛呈现出一抹亮色。

图中这只雪鸮捉到了一只旅鼠。旅鼠是一种类似老鼠的哺乳动物，在雪里挖洞，以草种为食。雪鸮还会捕捉鸭子、小鹅、水鸟、地松鼠以及其他小型鸟类或哺乳动物。厚厚的积雪常常让捕猎变得很困难，不过这只雪鸮运气很好，已经成功捉到了猎物。

杰克森避役 / 根据需要改变颜色

避役是一种蜥蜴，俗称变色龙，常栖息于西班牙南部、非洲、中东、印度、斯里兰卡等气候温暖的国家或地区。避役的体长从约8厘米到约60厘米不等，皮肤凹凸不平，布满隆起。有的避役头部前侧长着角，比如这只来自非洲的杰克森避役。它们以昆虫和蜘蛛为食，长长的舌头是它们的捕食工具。避役发现猎物后，会迅速伸出舌头，利用肌肉压力将其瞬间变成一根又细又长的管子，可能比自己的身体还要长。瞄准目标，用舌尖粘住远处的猎物，再将其拉到嘴里。在正常状态下，避役便会把舌头舒舒服服地含在嘴里。

有人说，避役几乎能够根据所处的环境无限变色。这种说法并不完全准确。每种避役都有一个基础肤色。比如图中这只避役，它的基础色是绿色。避役皮肤下方有许多微小的色素囊，这些色素囊可以迅速改变大小，从而导致颜色变化。这种变化使避役拥有了丰富的色彩，甚至包括黑色。这样，避役就能在不知不觉中呈现出与环境相符的保护色。

麻鳽 令人费解的谜题

你能听见麻鳽(jiān)的叫声，但很难看见它们。这种长着斑点的棕色鸟儿生有长长的腿和长长的脖子，头部颜色较深，颈部前侧为白色，叫声异常低沉浑厚。它们在水边的芦苇丛中安家，每天在湖上生活。在安静的环境下，它们的叫声能越过水面，传到几千米甚至十几千米之外。雄性麻鳽用这种叫声来警告其他雄性不要靠近，同时也向雌性麻鳽发出求偶信号。

欧洲麻鳽直立时约75厘米高。美洲麻鳽与其类似，但体形略小。麻鳽过去常出现在淡水湖和茂密的芦苇附近。然而现在，很多湖泊都已经被填平，上面盖起了建筑，麻鳽的数量也大不如前。如果想看麻鳽，那么你需要乘一只没有轰鸣的引擎的小船，沿着湖边安静地划行。你会发现，即使听到了麻鳽的叫声，也很难找到叫声的来源。但是，如果运气不错，那么你也许会看到与图中这只麻鳽类似的小家伙——它保持着一种警惕的姿势，高高地仰着头，伸向天空，看上去就像一丛芦苇。它并非陷入了沉思，而是用喙两边那双豆子般的眼睛聚精会神地注视着你。

麻鳽在飞行时会把脖子收缩起来，就像一只棕色的大猫头鹰，但长长的喙仍会暴露在外。

蟹蛛 / 花中死神

蜘蛛形态各异。图中的这只蜘蛛看起来就像一只小螃蟹，长长的、一节一节的腿向后弯曲着，甚至还会像螃蟹一样横着走路。这是一只蟹蛛，但模拟螃蟹并不是它最常使用的伪装术。蟹蛛真正的伪装秘诀在于与生俱来的丰富色彩。不同颜色的蟹蛛会藏在与自己颜色相同的花朵里。在这片宁静的草地上，一只明黄色的蟹蛛正静静趴在一朵几乎和它颜色相同的花上。它们的颜色太接近了，前来采食花蜜的蜜蜂和苍蝇根本没有发现这只蟹蛛。当猎物进入攻击范围后，蟹蛛就会猛地抓住这只昆虫，用毒液将其麻醉，然后吸食其体内的汁液。

匹配颜色并非看上去那么简单，因为昆虫看到的颜色很可能与我们看到的不同。蟹蛛和花朵必须在昆虫的眼里完全匹配。如果将一只蟹蛛放到与它颜色不同的花朵上，它就会惊慌失措，急急忙忙去寻找与自身颜色相同的花朵。

丘鹬 / 当树木变成棕色……

有人将丘鹬（yù）称作世界上最美丽的鸟儿。丘鹬身长约30厘米，体形矮胖，长着长长的、探针似的喙，栖息于欧洲大陆和亚洲大陆，东至中国。丘鹬不会出现在嘈杂的地方，而是广泛分散在遥远僻静的森林里。每只丘鹬都拥有一片广阔的领地，傍晚来临时，它们通常会在自己的领地上空盘旋巡视。

凑近看，你会发现丘鹬的确非常漂亮。它们全身布满黑色和金色的条纹，夹杂着些许棕色。在巢里或别的地方歇脚时，丘鹬能够保持纹丝不动，几乎可以完全融入周围的枯叶、树枝和草丛，和环境颜色出奇地一致。除非它们从你的脚边腾空飞起，否则你绝对不会相信这里刚刚有一只丘鹬。

待在巢里的雌性丘鹬在遭遇威胁时，还会耍另外一个小花招。它们会拖着一只翅膀在附近来回踱步，仿佛受了伤似的。人类也许能识破它们的计谋，但狐狸或白鼬未必。在“受伤”丘鹬的诱惑下，这些捕食者很可能会把注意力转移到它们身上，将丘鹬巢里的卵或雏鸟抛在脑后。

兰花螳螂 / 美丽的陷阱

这又是一种拥有美丽色彩的昆虫，它们是分布于印度尼西亚和马来西亚的兰花螳螂，只在紫色和粉色的兰花上安家。螳螂的长相十分奇特——细长的腿、苗条的躯干、短小的翅膀和巧妙的折叠足，擅长捕食其他昆虫。目前，世界上有2 000多种螳螂，分布在气候温暖的国家。南欧的绿色螳螂应该是最为人们熟知的一种螳螂，但与它的表亲兰花螳螂相比，则显得平平无奇。

很多螳螂都像蟹蛛一样擅长模拟花朵的颜色，而兰花螳螂可以说将模拟技术带上了一个新台阶。它们不只模拟兰花的颜色，还模拟兰花的形状，活脱脱一朵精巧的兰花。

图中这只兰花螳螂正在模拟兰花。它的足拥有宽大的凸缘，无论形状还是颜色都很像兰花的花瓣。它的翅膀、头和腹部也都拥有美妙的粉色和紫色，使这种模拟更加逼真。所以，接下来会发生什么呢？任何被“兰花”吸引过来的昆虫都可能会猝不及防地被那些漂亮的“花瓣”捕获、制服，成为兰花螳螂的美食。

词汇表

桉树 eucalyptus

白蚁 termite

白鼬 stoat

豹 leopard

北极狐 Arctic fox

北极兔 Arctic hare

避役 chameleon

捕猎，猎物 prey

捕食性的 predatory

捕食者 predator

蟾蜍 toad

池塘 pond

袋食蚁兽 numbat

袋鼬 dasyure

鲽鱼 plaice

飞蛾 moth

湖 lake

狐狸 fox

虎猫 ocelot

花蜜 nectar

兰花 orchid

旅鼠 lemming

麻鳽 bittern

蟆口鸱 frogmouth

猫头鹰 owl

毛皮 coat

绵羊 sheep

爬行动物 reptile

盘羊 argali

丘鹬 woodcock

鼩鼱 shrew

树懒 sloth

松鼠 squirrel

螳螂 mantid

条纹 stripe

仙人掌 cactus

响尾蛇 rattlesnake

雪豹 snow leopard

雪鸮 snowy owl

野猪 wild hog

鹰 hawk

有袋类动物 marsupial

育儿袋 pouch

蜘蛛 spider

图书在版编目（CIP）数据

解锁动物生存密码．伪装大师 / 懿海文化著、绘；高琼译．-- 北京：科学普及出版社，2023.7

ISBN 978-7-110-10542-9

Ⅰ．①解… Ⅱ．①懿… ②高… Ⅲ．①动物－普及读物 Ⅳ．① Q95-49

中国国家版本馆 CIP 数据核字（2023）第 032114 号

策划编辑	李世梅　马跃华
责任编辑	王一琳　孙　莉
版式设计	许　媛
封面设计	巫　粲
责任校对	张晓莉
责任印制	马宇晨

出　　版	科学普及出版社
发　　行	中国科学技术出版社有限公司发行部
地　　址	北京市海淀区中关村南大街 16 号
邮　　编	100081
发行电话	010-62173865
传　　真	010-62173081
网　　址	http://www.cspbooks.com.cn

开　　本	889mm×1194mm　1/16
字　　数	240 千字
印　　张	21
版　　次	2023 年 7 月第 1 版
印　　次	2023 年 7 月第 1 次印刷
印　　刷	北京瑞禾彩色印刷有限公司
书　　号	ISBN 978-7-110-10542-9 / Q · 282
定　　价	298.00 元（全 6 册）